国家出版基金项目
NATIONAL PUBLICATION FOUNDATION

记住乡愁

——留给孩子们的中国民俗文化

刘魁立◎主编

传统节日辑（一）

本辑主编 刘晓峰

二十四节气

刘晓峰◎编著

黑龙江少年儿童出版社

编委会

序

亲爱的小读者们，身为中国人，你们了解中华民族的民俗文化吗？如果有所了解的话，你们又了解多少呢？

或许，你们认为熟知那些过去的事情是大人们的事，我们小孩儿不容易弄懂，也没必要弄懂那些事情。

其实，传统民俗文化的内涵极为丰富，它既不神秘也不深奥，与每个人的关系十分密切，它随时随地围绕在我们身边，贯穿于整个人生的每一天。

中华民族有很多传统节日，每逢节日都有一些传统民俗文化活动，比如端午节吃粽子，听大人们讲屈原为国为民愤投汨罗江的故事；八月中秋望着圆圆的明月，遐想嫦娥奔月、吴刚伐桂的传说，等等。

我国是一个统一的多民族国家，有56个民族，每个民族都有丰富多彩的文化和风俗习惯，这些不同民族的民俗文化共同构筑了中国民俗文化。或许你们听说过藏族长篇史诗《格萨尔王传》

中格萨尔王的英雄气概、蒙古族智慧的化身——巴拉根仓的机智与诙谐、维吾尔族世界闻名的智者——阿凡提的睿智与幽默、壮族歌仙刘三姐的聪慧机敏与歌如泉涌……如果这些你们都有所了解，那就说明你们已经走进了中华民族传统民俗文化的王国。

你们也许看过京剧、木偶戏、皮影戏，看过踩高跷、耍龙灯，欣赏过威风锣鼓，这些都是我们中华民族为世界贡献的艺术珍品。你们或许也欣赏过中国古琴演奏，那是中华文化中的瑰宝。1977年9月5日美国发射的“旅行者1号”探测器上所载的向外太空传达人类声音的金光盘上面，就录制了我国古琴大师管平湖演奏的中国古琴名曲——《流水》。

北京天安门东西两侧设有太庙和社稷坛，那是旧时皇帝举行仪式祭祀祖先和祭祀谷神及土地的地方。另外，在北京城的南北东西四个方位建有天坛、地坛、日坛和月坛，这些地方曾经是皇帝率领百官祭拜天、地、日、月的神圣场所。这些仪式活动说明，我们中国人自古就认为自己是自然的组成部分，因而崇信自然、融入自然，与自然和谐相处。

如今民间仍保存的奉祀关公和妈祖的习俗，则体现了中国人崇尚仁义礼智信、进行自我道德教育的意愿，表达了祈望平安顺达和扶危救困的诉求。

小读者们，你们养过蚕宝宝吗？原产于中国的蚕，真称得上伟大的小生物。蚕宝宝的一生从芝麻粒儿大小的蚕卵算起，中间经历蚁蚕、蚕宝宝、结茧吐丝等过程，到破茧成蛾结束，总共四十余天，却能为我们贡献约一千米长的蚕丝。我国历史悠久的养蚕、丝绸织绣技术自西汉“丝绸之路”诞生那天起就成为东方文明的传播者和象征，为促进人类文明的发展做出了不可磨灭的贡献！

小读者们，你们到过烧造瓷器的窑口，见过工匠师傅们拉坯、上釉、烧窑吗？中国是瓷器的故乡，我们的陶瓷技艺同样为人类文明的发展做出了巨大贡献！中国的英文国名“China”，就是由英文“china”（瓷器）一词转义而来的。

中国的历法、二十四节气、珠算、中医知识体系，都是中华民族传统文化宝库中的珍品。

让我们深感骄傲的中国传统民俗文化博大精深、丰富多彩，课本中的内容是难以囊括的。每向这个领域多迈进一步，你们对历史的认知、对人生的感悟、对生活的热爱与奋斗就会更进一分。

作为中国人，无论你身在何处，那与生俱来的充满民族文化DNA的血液将伴随你的一生，乡音难改，乡情难忘，乡愁恒久。这是你的根，这是你的魂，这种民族文化的传统体现在你身上，是你身份的标识，也是我们作为中国人彼此认同的依据，它作为一种凝聚的力量，把我们整个中华民族大家庭紧紧地联系在一起。

《记住乡愁——留给孩子们的中国民俗文化》丛书，为小读者们全面介绍了传统民俗文化的丰富内容：包括民间史诗传说故事、传统民间节日、民间信仰、礼仪习俗、民间游戏、中国古代建筑技艺、民间手工艺……

各辑的主编、各册的作者，都是相关领域的专家。他们以适合儿童的文笔，选配大量图片，简约精当地介绍每一个专题，希望小读者们读来兴趣盎然、收获颇丰。

在你们阅读的过程中，也许你们的长辈会向你们说起他们曾经的往事，讲讲他们的“乡愁”。那时，你们也许会觉得生活充满了意趣。希望这套丛书能使你们更加珍爱中国的传统民俗文化，让你们为生为中国人而自豪，长大后为中华民族的伟大复兴做出自己的贡献！

亲爱的小读者们，祝你们健康快乐！

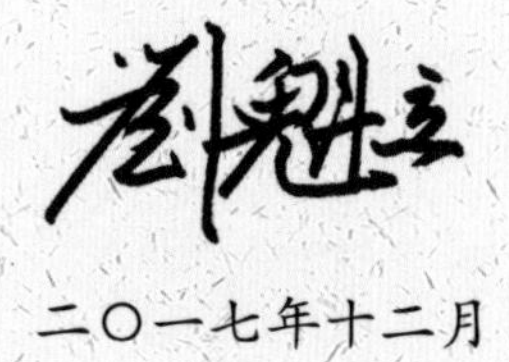

二〇一七年十二月

目录

发现时间的秘密

| 发现时间的秘密 |

时间就在我们身边，无论是天上的飞机、地上的火车，还是大街上熙熙攘攘的人群，所有这一切都走在时间的刻度上……

一年有 365 天，一天有 24 小时，一小时有 60 分钟，一分钟有 60 秒……我们早已习惯使用这套来自西方的时间体系。可是，你是否想过在这套体系走进我们的生活之前，中国人是根据什么规则确定时间，进而安排自己的生活呢？

昼来夜往，日升月落，春夏秋冬……循环是时间最重要的特征，时间的脚步循环往复、永不停歇，古代中国人对时间的认识，是一个不断发展的过程。

中国人最早使用的时间单位是“日”，太阳是古人判断时间的第一个参照物。远古民歌《击壤歌》唱道：“日出而作，日入而息。”太阳的升与落是古人一日劳作和休息的重要参考。由昼

| 英国伦敦大本钟 |

与夜组成的“天”，就是“年”的基本单位。汉字中，“旦”表示太阳刚刚升起，“旦”字倒过来就是古体字“昏”。

随着中国人对时间认识的深入，白天和黑夜又被细分。编年体史书《左传》记载：“日之数十，故有十时。”这种将一日划分为十时的方法，可能源自太阳之母“羲和”生下十个太阳的传说。后来，古人又将一日划分为十二个时辰，一个时辰相当于两个小时。

比“日”大一级的时间单位是“月”，古人很早就认识到月亮的变化规律。近代著名学者王国维在释读殷商时期青铜器上的文字后指出：“殷商时代已经分一月为四，自一日至七八日曰初吉；自八九日已降至十四五日曰既生霸；自十五六日以后至二十二三日曰既望；自二十三日以后至于晦日曰既死霸。”由此可见，我国在殷商时期就对月亮的变化规律有着非常清晰的认识。

认识日和月相对容易，因为太阳和月亮的循环变化能够直接看到，但季节的分辨就没有这么简单了。古人对四季最初的认识是春天和秋天，这正是来自春种和秋收这两个最重要的农业生产过程。甲骨文中到现在还没有发现“夏”字，“冬”字虽然有，但表达的却是“终”的意思。

古人由于长期使用春和秋划分季节，即便夏和冬被认识并使用后，有些古籍说起四时，依旧把春秋连在一起，说成春秋冬夏。我国最早的编年体史书《春秋》，其命名就与这种习惯有关。

“年”是我们生活中最大的时间单位，认识它需要对自然拥有更强的整体把握和思考能力。北宋时期，女真族用自己看过几度草青记录年龄，我国很多少数民族都有这种以草木枯荣记年的习俗。汉族人则用白天立木测日影的方法，发现了冬至和夏至这两个重要的时间节点，并由此延伸出春分和秋分；在“两分两至”的基础上，又发展出立春、立夏、立秋和立冬，最终编制出二十四节气。

“天上的星，数不清，一闪一闪亮晶晶。”古代中国人认识一年的另一个途径来自夜晚对星空的观察。宁静的夜晚，万物清澄，满天繁星带给人们无穷无尽的想象。我们的祖先同样面对过这样美丽的夜空，他们和我们今天成千上万的天文爱好者一样，把关注的目光投向了星光闪烁的银河……

在经过许多许多年的精密观测后，古人渐渐发现头顶上星空的运转是有规律可循的，北极星永远安然地挂在北方，北斗七星按照季节不断地旋转，斗勺柄春天指东，夏天指南，秋天指西，冬天指北……于是，聪明的中国人把星空分成了青龙、朱雀、白虎和玄武四个星区，又在每个星区选出有代表性的七颗星，这就是二十八星宿。如果把一年的时间比喻为一个钟表表盘，那么北极星就是钟表的中心，北斗七星是指针，二十八星宿就是时间刻度。遥想古人第一次发现璀璨星空竟然就是一个巨大的时钟时，他们的心情该是多么激动啊。

时间的秘密就这样一点一点地被古人发现，这个过程非常漫长。

2003年，我国考古工作者在山西省襄汾县陶寺镇发现了一座古观象台遗址。这座遗址由13根夯土柱组成，呈半圆形分布，半径10.5米，弧长19.5米。考古队在原址复建了古观象台并进行模拟实验，从观测点通过土柱狭缝观测塔尔山的日出方位，从第2个狭缝看到日出是冬至日，从第12个狭缝看到日出是夏至日，从第7个狭缝看到日出为春分和秋分。考古专家和天文学家初步判断陶寺古观象台形成于公元前2100年，比形成于公元前1680年的英国巨石阵观象台早近500年。这让我们相信，早在4000多年前，我们的祖先们已经发现太阳一年运行中春分、夏至、秋分和冬至的变化，也证明了战国时期的《尚书·尧

陶寺遗址复原图

典》中所记载的“历象日月星辰，敬授人时”并不是虚构的，而是真实的历史记录。陶寺古观象台遗址是对中国古代天文历法研究的实物例证。这种大型观象台出现之前，古人曾在相当长的一段时期，采用立木测日影的方式观测太阳的运行。

凭借对日、月和星的观测，中国人早在春秋战国时期之前，就已经形成了对日、月、四季和年的基本概念。除了观测天象，中国人还在身边的自然变化中发现了无数的时间印记。例如，在一个季节里鹿会生角，在另一个季节里鹿角会脱落；大雁、伯劳等候鸟总是某个时间飞来，又在某个时间飞去……花开花落、雷雨风霜都和时间的循环密切相关……所有这一切，都被一点一点地编入古代中国的时间知识谱系中，二十四节气就是这一谱系中最成体系、最有代表性的成果之一。

从形成时间上看，早在秦汉时期，二十四节气就已经在黄河中下游地区确定并使用了。到公元前 104 年，二十四节气已经被正式编入我国古代第一部比较完整的汉族历法——《太初历》。中国人后来又把每个节气一分为三，并按时序分别选取三种物候编制，每种物候都是可以作为时间变化标志的自然现象。例如，立春三候就是“一候东风解冻，二候蛰虫始振，三候鱼陟负冰”，意思就是立春时东风送暖，大地开始解冻，冬天蛰伏的昆虫逐渐苏醒，河冰消融，鱼儿开始到水面游动。

到这个阶段，中国人已经通过对天文地理的观察，基本掌握了大自然时间变化的秘密，这些有关时间的知识，对我国农业生产和社会生活具有重大意义。因为一旦掌握了时间循环的链条，古人就可以预先知道大自然即将发生的变化，人们可以按照历法有条不紊地安排一年的生产和生活，未来便由未知变成可知。中国人由此依循大自然变化规律生产和生活，并从中抽象出敬天顺时、尊重自然和天人合一等思想观念，这些观念是中华文化的重要组成部分。

虽然我们现在普遍使用西元纪年计算时间，但中华大地上的传统历法已经深深融入中国人生活的方方面面，是我们非常重要的生活内容，要理解这一点，只要比较一下元旦和春节在自己心中的分量就知道了。

| 传统中国鼓 |

和二十四节气交个朋友

|和二十四节气交个朋友|

按照春夏秋冬的顺序，二十四节气依次为：

立春・雨水・惊蛰・春分・清明・谷雨
立夏・小满・芒种・夏至・小暑・大暑
立秋・处暑・白露・秋分・寒露・霜降
立冬・小雪・大雪・冬至・小寒・大寒

看完上面的节气排列，你或许已经发现二十四节气的内在规律。每一行的“排头兵”都有“立”字，立字后面紧跟四季，也就是立春、立夏、立秋和立冬，轮到哪个节气，就说明到了相应的季节。二十四节气就是沿着把一年以四季等分这一理念创造出来的。

二十四节气给每个季节都划分了六个节气，一年 365 天，平均到每个季节，大致是三个满月，因此二十四节气中的每一个节气大约是 15 天，即半个月。

排列中的第四列是两对交叉站位的小伙伴，它们就是古人称为“两分两至”的春分、夏至、秋分和冬至。这四个节气非同小可，在中国人的时间体系里，它们不仅十分重要，而且非常讲究。立春、立夏、立秋、立冬、春分、秋分、夏至和冬至，这八个节气搭起了二十四节气的框架，像是中国时间殿堂里一所叫作“年”的大屋子的八根柱子。

“由四季而八节，由八节而二十四节气”，这是古代中国人划分时间的一个重要方法，这一方法在后来的节气文化中，又有了进一步的发展，即在二十四节气的基础上，每五日划为一“候”，并用一个气候变化特征做标志。二十四节气中的一个节气大致为15天，所以每个节气有三候，合起来就是“七十二候”，七十二候在公元前2世纪先秦史籍《逸周书·时训解》中已经出现，七十二候可以看成是对二十四节气的进一步细化。

除了构成二十四节气的八个重要节气外，小暑、大暑、处暑、小寒和大寒是根据气温变化命名的；雨水、谷雨、白露、寒露、霜降、小雪和大雪，是根据降水量命名的，它们反映的都是气象的变化；只有惊蛰、清明、小满和芒种四个节气，是根据土地的变化和农业生产劳动命名的，而且集中在春天，从中我们能够看出农耕社会对春天十分重视。

我们可以这样来理解二十四节气，从冬至点到下一年的冬至点，古人在这中间平均画出12条线，这就是十二节气，再在每个中气之间均分出一条线，这样均分出的12道线就是中气，所以由立春到大寒，总共12中气12节气，合称二十四节气。

二十四节气经得起科学验证。地球每时每刻都在围绕太阳公转，同时又一刻不停地自转着，地球绕着太阳的公转轨道，叫作“黄道”。如果把黄道分成360份，每15份画上一个刻度，黄道正好被划分为24个刻度。可是，到底要从黄道的哪个地方开始画刻度呢？中国人最初采用的是黄道的冬至点，古人通过日影观察到这一天日照时间最短，从这一天起，阳光一天比一天多，所以古人刚开始把冬至点看成是一年的起点。可是，地球绕太阳的运行轨迹是椭圆形的，地球离太阳比较近时公转速度就快，比较远时公转速度就慢，季节不同，昼夜长短会发生变化，所以到了清代重新做了规定——不用冬至点，一年以春分点为起点。

后人将二十四节气编成一首诗歌，这就是《二十四节气歌》。

春雨惊春清谷天，
夏满芒夏暑相连。
秋处露秋寒霜降，
冬雪雪冬小大寒。
上半年逢六廿一，
下半年逢八廿三。
每月两节日期定，
最多相差一二天。

这首《二十四节气歌》可能是在中国流传最广的一首诗歌。诗歌的前四句把二十四节气都包含在内，而后四句讲述的是各节气所在的农历时间，上半年一般是初六和二十一日，下半年一般是初八和二十三日，最多有一两天的误差。《二十四节气歌》把二十四节气取其中的一个字贯穿起来，又指出节气的间隔规律，是谈到二十四节气时一定要提到的一首诗歌。

二十四节气建立在中国人对自然观察与认识的基础上，是古人安排生产生活的重要依据，特别是在两千多年前的农耕社会，从春耕到秋收，科学地掌握大自然的四季变化，是极为重要的知识和能力。所以，在中国人的农业生产过程中，二十四节气长期占有重要地位。日久相沿，我国各民族围绕二十四节气也产生了一系列丰富多彩的民俗文化。

| 二十四节气图 |

二十四节气·春之篇

|二十四节气·春之篇|

一年之计在于春。春是一年的开始。

春天是富有生命力的季节，阳光明媚，鸟鸣清丽，虫声悦耳，花草芬芳。春天充满希望，带给人激情和活力。古往今来，为了赞美春天，诗人们用尽美好的辞藻。春天是一个由寒转暖的过程，也是一个播种和耕耘的季节。

春天有六个节气，分别是立春、雨水、惊蛰、春分、清明和谷雨。

立春

（2月3日至5日交节）

春日春风动，

春江春水流。

春人饮春酒，

春官鞭春牛。

立春是二十四节气"四立"中的第一个。立春的东风吹起来，春天的气息也由此升腾。

立春作为节气早在周代就已经出现，汉代已经有比较完整的迎春仪式，参加仪式的人们着青衣戴青帽，打着青色旗帜，到东郊迎接春天。立春最重要的习俗是打春牛，早在秦汉时期已经有立春"出土牛，送寒气"的说法，到了唐宋时期，逐渐形成打春牛的习俗。打春牛是一个非常热闹的仪式，立

|立春神像|

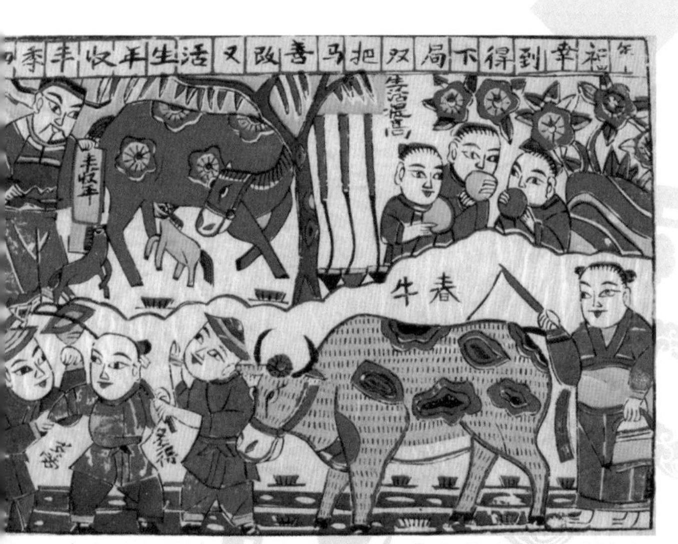

春牛年画

春那一天，人们用鞭子抽打由桑木做骨、泥巴做肉塑成的土牛，同时敲锣打鼓，打竹板、放鞭炮，热热闹闹地迎接立春并祈求丰收。打春牛习俗自古全国各地都有，但以古代皇宫仪式最为正式。立春当日，皇宫装饰一新，春牛由五彩绘制，皇帝带领大臣们接春神打春牛，并做出扶犁耕地的样子，表示率民以耕。民间的打春牛却是另一番景象：相传带着春牛碎片回家，会带来吉祥，交上整整一年的好运，所以人们不仅把春牛打得粉碎，还会争抢碎片，这在民俗中称为“抢春”。

除了打春牛，中国人在立春还有“咬春”的习俗。咬春的形式多种多样，有吃春盘、吃春饼、吃春卷和咬萝卜等等。唐代已经有立春吃由芦笋、春饼和生菜组成的“春盘”的习俗；宋代文献记载皇帝在立春这一天会让御厨备好春饼，和酒一起赏赐给大臣们；北京自古流行立春吃春卷，在用面粉摊

春卷

| 春神句芒（明·蒋应镐）|

成的薄饼中从头到尾卷入用豆芽、粉丝和韭菜等做成的“馅”，这叫“有头有尾”；还有很多地方流行立春时妇女吃萝卜，相传可以去疾病、解春困。

春天是万象复苏的季节，立春是二十四节气的开始，也是春天来临的标志。有关立春的习俗，都是在期盼新春、迎接新春，迎接一个新的开始。

古代中国人用金木水火土五行理论解释问题，春天属木，所以春神句芒是草木和生命生长之神，主宰农业生产，传说它鸟身人面，乘于两条龙之上。远在周代时就有逢立春祭祀句芒神的习俗，并一直延续到清末民初。

雨水神像

雨水

（2月18日至20日交节）

雨水在二十四节气中排在第二位，一般在春节与元宵节之间。中国人认为天一生水，水是生命之源。东风解冻，冰雪消融，气候回暖，自然雨水渐多。逢雨水，天地交泰，草木萌动，是生机勃发的时节。农谚有云：“立春天渐暖，雨水送肥忙。”雨水是备春备耕的重要节气。“春雨贵如油”，对于农民来说，春天的雨水是丰收的一份保证。

雨水时，北方的人们能够看到从南方飞来的大雁，大雁是候鸟，每年春天从南向北迁徙，到了秋天又从北方迁回南方。大雁的迁徙习性被古人看成是一种守信行为，而“信”正是古人最重视的一种品格。在初春的原野上，人们抬头看着一群大雁排成“人”字横过天际，春意自会盎然生于心，这正是大自然的神奇造化所在。

大雁迁徙

惊蛰

（3 月 5 日至 7 日交节）

中国人很早就对惊蛰有所认识，成于战国时期，中国现存最早的传统农事历书《夏小正》就记载着“正月启蛰”。

“惊蛰”说的是春风掠过大地，地下蛰伏的生命被惊醒，开始展开一段新的生命历程。在惊蛰这个节气常有春雨如丝而下。在我国南方，如果雨中有春雷滚过，人们会认为是丰收的好兆头。农谚云：“雷打惊蛰谷米贱，惊蛰闻雷米如泥”。人们十分忌讳没到惊蛰就打雷，用谚语讲就是“未蛰先雷，人吃狗食”；还有一种说法是“未过惊蛰先打雷，四十九天云不开”……湖北、贵州等地认为惊蛰日如果打雷，夏季会毒虫众多，当地谚语“惊蛰有雷鸣，虫蛇多成群”说的就是这个意思；在黄河中下游地区，惊蛰是桃花、李花盛开的时节，也是黄鹂鸟在树上一天比一天叫得欢快的时节。

惊蛰神像

古人认为捕食鸟类的雄鹰在惊蛰会变成温顺的鸽子。这种说法肯定是不科学的，但却鲜明地反映了古人对春天的看法，即生生不息是春天的主旋律。“劝君莫

劝君莫打三春鸟，子在巢中待母归

春分神像

打三春鸟，子在巢中待母归”和这种说法是同一个意思。

春分

（3月20日至22日交节）

春分和秋分一样，也是二十四节气中最早被认识的节气之一。春分时太阳行至黄经零度，时值二月中，因为它中分春天为两半，故得名春分。谚语云：“春分秋分，昼夜平分。”春分最大的特点就是昼夜等长。

中国古代的春分祭日和秋分祭月仪式都是国之大典，普通百姓不能祭祀。坐落在北京朝阳门外东南日坛路东的日坛，就是明清两代皇帝春分祭祀太阳的地方。

古人曾使用山西上党羊头山的黍米作为计量单位。例如，排列90粒黍米就是律管黄钟的长度，二十四史之一的《汉书》中就记载着

秦青铜诏铁权

“黄钟之长，一为一分，十分为寸，十寸为尺，十尺为丈，十丈为引……”长度如此，重量也是一样。一龠（古代的容量单位）装1200粒黍米，定重为12铢，乘二（两）为24铢，定为一两，16两为一斤。我们今天民间普遍使用的计重单位“两”，就源自这种规则。

在古代中国人看来，生活的方方面面都和大自然息息相关，他们制定个人和社会的生活秩序，都能从大自然的变迁中找到依据，当他们发现春分和秋分同是昼夜均分的日子后，就借“公平”的春分和秋分校正度量衡。

鳦是传说中的玄鸟，是上古殷商民族的图腾。相传殷商始祖契的母亲简狄因吞鳦卵而怀孕，而“鳦”是“燕”的古字写法，所以殷人把燕子与吉祥和生育联系在一起。春分时经常春雷和闪电交加，每年二月夏候鸟燕子北迁到来的时候，殷人会隆重祭祀管理婚姻和生育之神——高禖。

农耕社会最重要的劳动力是人，繁衍人口在我国古代是很重要的事情，其他很多朝代也都对高禖礼敬有加，膜拜不绝。只不过，夏人祭祀的高禖是女娲，殷人祭祀简狄，周人祭祀姜

高禖·女娲

山西河津高禖庙壁画

源……位于山西省河津市的高禖庙，是河津古耿国文化的典型代表，庙内供奉女娲，河津古耿国君、秦始皇、汉武帝、唐高宗和宋高宗等帝王都曾来此祈福求子。

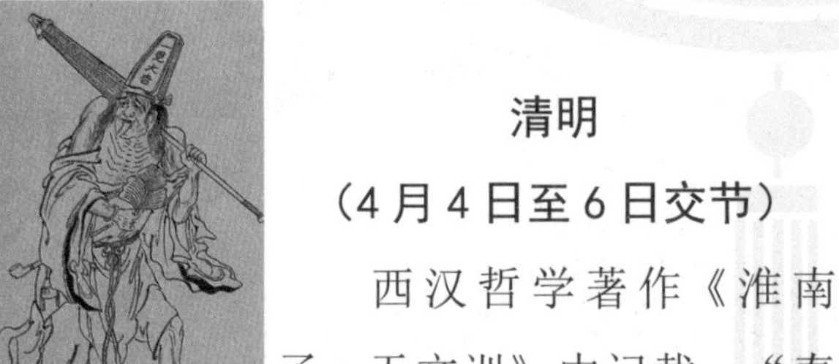

清明神像

清明

（4 月 4 日至 6 日交节）

西汉哲学著作《淮南子·天文训》中记载，“春分后十五日，斗指乙，则清明风至。”清明风指的就是东南风。

古书《岁时百问》解释“清明”命名时写道：“万物生长此时，皆清洁而明净，故谓之清明。”清明是温暖清爽的东南风吹拂大地的好时节，清明时节，东南风吹得柳绿花红，万物萌芽吐绿，一片清新明净。

冬至是一年中日照时间最短的一天，是“冬”到了极致的日子。寒极暑至，否极泰来，阴气最盛的日子，也是一阳初起的日子。从冬至开始，日照时间一天天变长。如果一年以 360 天计算，从冬至到日照时间最长的夏至之间共有 180 天，再把这 180 天从中间划分，前 90 天的变化是从阴之极走向阴阳平衡，后 90 天是从阴阳平衡走向阳之极。按照这一变化趋势，阳气通过前后 90 天的中间阴阳平衡点后，又经过 15 天的成长，终于在清明发展到最好的时期。

这一时期的太阳，既不同于冬至时荏弱的新阳，又不同于阴阳平衡前 90 日尚受阴气阻碍的少阳，更不同于夏至盛极转衰的老阳，充满朝气，照耀着大地万物并生齐长，欣欣向荣。

谓之“清明”，不仅缘于万物此时生长皆清洁明净，也缘于这一时期的太阳是清新的太阳，流转于这一

十美图放风筝

谷雨神像

时期天地之间的阳气，是清新的阳气。清明时节，风是清明风，节气是清明节气，太阳是摆脱了阴气阻碍的清新的太阳，万物从萌芽期进入生长期，天地之间，一片清明。

清明不但是节气，还是二十四节气中唯一一个极具特色的重大节日，中国人有清明扫墓祭祖习俗的重要原因，就是清明时阳气虽盛，却不到伤阴的程度；阴气趋衰，偶或接之，亦不为大碍。相传古时候清明节要寒食禁火，为了防止寒食伤身，人们要进行一些户外活动锻炼身体，所以清明也是中国人外出踏青的好日子，大家头插柳、脚踏青，放风筝、荡秋千……尽情地享受大自然的美好时光。

谷雨

（4月19日至21日交节）

在我国北方有句农谚：“清明忙种麦，谷雨种大田。”自雨水后，大地已经开始萌发生机。

“好雨知时节，当春乃发生。”到了谷雨时节，在播种了五谷的大地上，温润的细雨淅淅而下，新绿柔嫩的浮萍，开始出现在水面上。

樱桃红过，已是暮春，谷雨时，农事已急，鸟儿的叫声都是“布谷布谷”。大江南北，水稻都已经长出第二片、第三片青青稻叶，春茶的采摘也开始有条不紊地进行。

“蚕奔小满谷奔秋，谷雨三朝蚕白头”，谷雨是春天的最后一个节气，也正是种桑养蚕人家饲养蚕宝宝的

富贵图（仇谷）

日子。

歌唱江南女子桑蚕劳动和春情的乐府民歌《采桑度》中写道：

蚕生春三月，

春桑正含绿。

女儿采春桑，

歌吹当春曲。

谷雨时节还有一件事非常流行，就是观赏牡丹。人们常说“春有百花秋有月”，春天是百花盛开的季节，谷雨则是牡丹花盛开的时节，所以牡丹又有一个别名叫作“谷雨花”。牡丹花是花之王者，开起来雍容华贵、美丽大方。到了谷雨花期，洛阳、菏泽和彭州等很多地方都要举办牡丹花会。

中国幅员辽阔，海岸线绵延 1.8 万多千米，对于生活在沿海地区的渔民，谷雨是像过年一样重要的日子，因为人们要在这一天祭祀传说中统领水族、掌管兴云降雨的龙王。渔民们逢谷雨以三牲和美酒祭祀海神龙王，祈求风平浪静、出入平安、鱼虾满仓。

古典四大名著《红楼梦》中写道：“三春去后诸芳尽，各自须寻各自门。”谷雨一过，就是三春尽处，炎炎夏日，即将来临。

山东荣成谷雨节

二十四节气·夏之篇

二十四节气·夏之篇

春生夏长，夏天是万物生长的季节。

进入初夏，田野上开满一片片姹紫嫣红的各色野花，像绣在一块绿色大地毯上的彩色繁星，蜜蜂和蝴蝶在花丛中忙碌着，好一派生机与活力。到了盛夏时节，天空中有时没有一片云一丝风，大日头明晃晃地照着，烈日炎炎；有时却暴雨倾盆，雨脚如麻。盛夏的夜晚非常神奇，你能在苞米地或高粱地听到庄稼生长时发出的“咔咔咔”的拔节声。自然万物就这样在夏天恣意地生长着……

夏天有六个节气，分别是立夏、小满、芒种、夏至、小暑和大暑。

立夏

（5月5日至7日交节）

立夏正值农历四月，和立春一样，是“四立”之一，也是万物进入生长季节的标志。

《月令七十二候集解》中写道：“立夏，四月节。立字解见春。夏，假也。物至此时皆假大也。”这里面“假”的意思是大，说的是春天播种的植物在这个时节已经直立长大，其他万物至此也都在成长

立夏神像

壮大，故名立夏。立夏是一个凝聚天地力量，吸收养分和阳光，并最终归为秋实的过程。

在立夏这一天，古代帝王要率领文武百官至京城南郊举行迎夏仪式，君臣一律穿朱色礼服，配朱色玉佩，以表达对丰收的祈求和美好的愿望。

立夏这个节气最有趣的习俗是立夏称人，相传诸葛亮当年七擒七纵才换回孟获的诚心归附，诸葛亮去世前托付孟获每年看望后主刘禅一次。蜀国灭亡后，晋武帝司马炎把刘禅软禁在洛阳，孟获怕司马炎亏待刘禅，每到洛阳都要拿秤称一下刘禅的体重，唯恐刘禅被亏待，这件事后来在民间慢慢传开，并逐渐形成了立夏称人的习俗。

古时候的人称量体重可不是抬脚上秤这么简单，据说要在屋梁或大树上挂起大秤，成年人双手拉住秤钩，两足悬空；小孩儿则坐在秤钩吊着

却喜今年重几斤（丰子恺）

踢毽子（于水）

的箩筐内或倒过来的凳子上。看秤的人一边称一边讲吉利话，称老人时要说“秤花八十七，活到九十一”；称姑娘时要说“一百零五斤，员外人家找上门。勿肯勿肯偏勿肯，状元公子有缘分”；称小孩时要说“秤花一打二十三，小官人长大会出山。七品县官勿犯难，三公九卿也好攀。”

夏天阳光灿烂，太阳是夏天的主角。世界上大多数民族都崇拜太阳，因为阳光普照万物，无私地给予生命的力量。

小朋友们在夏天应该多在阳光下玩耍，因为儿童体内的生长激素分泌旺盛，各种细胞和器官都处在生长的过程中。户外活动可以借助阳光杀菌除病，有效预防贫血和佝偻病，还可以开展诸如踢毽子、打球、摔跤和跳绳等体育活动，非常有利于身体的健康成长。

小满神像

小满
（5月20日至22日交节）

小满是夏天的第二个节气。小满时，夏熟作物的籽粒开始灌浆饱满，但还未成熟，只是小得丰满，故为小满。

小满时暑热少雨，农谚云：“小满不满，麦有一险”，说的就是北方的主要农作物冬小麦在小满时进入成熟阶段。此时雨季未到，天干物燥，小麦在这个时候遭遇干热风会严重减产，所以小满时人们会非常重视雨水并预防干热风。小满是夏收夏种的重要节气，此时虽是夏天，但对于小麦已经到了成熟的“秋天”，故小满三候称之为“麦秋至”。

在我国古代农耕社会男耕女织的经济结构中，蚕桑占有重要地位，有关养蚕的民间信仰从秦汉时期一直传承至今。

嫘祖庙（宜昌）

相传黄帝的元妃嫘祖是最早养蚕的人，她开创了中国古代的丝绸文化，被后人尊为“蚕神”，小满是嫘祖的生日，所以我国南方的养蚕人家大多有小满“祭蚕神”的习俗。

不过关于蚕神，还有另一个令人悲伤的“马头娘传说”……

相传一位美丽的姑娘盼望出门日久未归的父亲回家，立誓谁能找回父亲就以身相许，恰巧家里的白马通灵，听到承诺后脱缰而去，最终带回了她的父亲。可这位父亲知道事情的原委后杀掉了白马，并把马皮挂在院子里。不料姑娘经过时，马皮忽然裹起她腾空消失，人们最后在桑树上发现了被马皮缠绕的姑娘，她和马皮都化成了蚕，头已经变成马头的模样，趴在树上吐丝。姑娘后来被天帝封为女仙，人们由此尊她为蚕神，并纷纷盖起蚕神庙祭祀这位身披马皮的姑娘，并称她为“马头娘”。马头娘传说和嫘祖传说一样，在华夏大地上广为流传。

芒种

（6月5日至7日交节）

芒种雨量充沛，气温显著升高，仲夏时节由此正式开始。

芒种又称“忙种”。芒，指的是麦类农作物成熟后挺着尖尖的芒刺等待收割；种，指的是谷黍类农作物播种的节令。“忙种”二字，代表所有的农作物都在“忙

芒种神像

着种”，农民由此开始忙碌的田间生活。

农谚云：“收麦如救火，龙口把粮夺”，到了芒种，人们又收又种，庄稼地里到处都缺人手。因为农事不等人，如果赶上有人过世，有时候甚至葬礼都要为农事让路。

我国南方在芒种时进入梅雨季节，在江淮流域，芒种时梅子已经成熟，但经常阴雨连天。人们把梅子成熟和连绵的雨水联系到一起，称这段时间的雨为梅雨。

因为总是不断下雨，很少看到太阳，东西很容易霉烂，所以有人把“梅雨”写成“霉雨”。梅雨开始的时候叫作“入梅”，结束时叫作“出梅”。

梅雨季一般会持续30至40天。当然有的年头入梅很早，进了五月就入梅，这叫“早梅雨”；有的年头没有那么长的梅雨季，叫作“空梅”。“早梅易涝，空梅易旱”，旱与涝对农业生产都会产生重大影响。

芒种时群芳凋落，花神们也到了退位回家的日子，我国民间有芒种送花神的习俗。

六月荷花神·西施

《红楼梦》中就有描写人们在大观园，按照上古风俗早起给花神饯行的场面。

“这日，那些女孩子们，或用花瓣柳枝编成轿马的，或用绫锦纱罗叠成干旄旌幢的，都用彩线系了。每一棵树头每一枝花上，都系了这些物事。满园里绣带飘摇，花枝招展……”这段话的大意是，大观园中的女孩儿们把自己打扮得十分漂亮为花神饯行，她们还为花神准备好乘坐的轿马和庄严堂皇的仪仗。

这段文字反映了古代大户人家在芒种时节为花神饯行的华丽场面，也表现了古人与大自然和谐共生的一种默契。

夏至

（6 月 21 日至 22 日交节）

夏至神像

夏至在中国古代并不是一个简单的节气，而是天道循环的重要转折点。

古人相信夏至处于大自然阴阳转换的过程中，夏至日正值农历五月中，太阳走到北回归线，这是一年中白天最长的一个日子，也是阳光投下的日影最短的日子，因此夏至被古人看成是一个重要的时间点，官员要放假三天，农民则祭天祈雨。

古人在夏至观察到三种特殊现象，一是麋鹿会旧角脱落新角长出；二是树上开始有蝉儿响亮的鸣叫声；三是中药里的一味药材——半夏，出现在水边或田埂上。

致，由此被称为“半夏”。

本草之半夏

夏至时夏天正好过去一半，半夏的生长周期和夏至这个重要的时间点一

北方谚语云：“冬至饺子夏至面”，北京和山东等北方地区流行夏至吃面条，不过这种食俗是后来演变形成的。例如，古人认为猫头鹰长大后会吃掉母亲，夏至在汉代是消灭“不孝之鸟”猫头鹰的重要日子，在这一天，皇帝要赐给群臣用猫头鹰肉煮成的汤，名为“枭羹”。现代人知道这种说法是不

地坛方泽坛（古代皇帝祭地场所）

科学的，但可怜的猫头鹰因为这种说法，年复一年地成为汉代官员们碗中的肉汤……

夏至也是古代皇帝祭地的日子，西汉戴圣所编《礼记·王制》中记载："天子祭天地，诸侯祭社稷……"每年夏至，周代国君都要在国都北郊水泽之中的方丘上，举行祭地仪式。

古人认为地属阴而静，方形的祭坛和古人的世界观有关，他们认为大地是方形的，并且被大海环绕。水泽与方丘，象征四海环绕大地。祭地典礼后，要将牺牲埋入土中。

我国河北省的部分地区，至今仍保留着夏至祭地的习俗，人们把酒洒在田地的东西南北四个方向，祈祷今后风调雨顺，五谷丰登。

小暑

（7月6日至8日交节）

我国的主要农作物一般在小暑时进入茁壮成长的阶段，小暑的到来，也代表季夏时节正式开始。

小暑和大暑是二十四节气中夏天的最后两个节气，与之对应的小寒和大寒是冬天的最后两个节气。

暑热暑热，暑和热是连着的。小暑时，温热的风已经吹来，气温开始升高，不过还没有达到最热的程度，所以是"小暑"。有关小暑的习俗，几乎都与暑热相关。

小暑神像

小暑时，梅雨将尽、

文殊洗象图（元·钱选）

天气变热，蝗虫等昆虫大量繁殖，一旦形成蝗灾，成千上万的蝗虫会铺天盖地地向庄家飞去，所到之处颗粒无收。

古人用火烧、网捕和土埋等各种方法与蝗虫作斗争，而祈求神灵保佑，也是他们的方法之一。为祈求避免虫灾，古人在小暑这一天要祭祀驱虫之神刘猛将军、保护庄稼之神青苗神和掌管蝗灾之神蝗螭太尉，不敢有一丝怠慢。

“六月六，晒龙衣。”暑热来临，是晾晒衣物的好时候，也就是民间所谓“龙晒鳞”的时令。熬过多雨的梅雨季，终于见到太阳的人们开始晾晒衣服、被子、鞋子、书籍和箱笼等。

明代沈德符在《万历野获编》中记录了北京的旧事风俗，“京师六月六，内府皇史宬曝列圣实录御制文集大函等档案，为每岁故事。”

明代最有意思的小暑习俗是给大象洗澡，大象是皇家仪仗队的成员，所以北京的皇宫里一直供养着大象。每到六月初六，锦衣卫就打着旗吹着乐器把大象引出顺承门，还要专门为大象洗澡搭建彩棚。看着大象走过，也是那时京城百姓的暑日一乐。

大暑

（7月22日至24日交节）

大暑是夏天的最后一个节气，也是漫天萤火虫装点夜晚的日子。

大暑是全年气温最热、降雨最多和日照最充足的时期，农谚云：“大暑无汗，收成减半；大暑无雨，谷里没米”。大暑时节的暴雨、阳光和暑热，对农作物的快速生长至关重要。

大暑神像

大暑的大，是热到极点的大。农历上习惯把每年最暑热难当的一段日子称为“伏天”，伏天共有30天，每一伏10天。称为“伏”，源自秦人认为在四方城门处杀狗，并涂狗血于城门可以禳解毒热，“伏”字中有“犬”就是这个原因；一般从小暑入伏，大暑正是伏天最热、气温最高和阳气最盛的日子。古代认为这段时间宜伏不宜动，躲起来避过酷暑，就是“伏”。

人最容易在三伏天中暑，所以伏天防暑降温非常重要。有些朝代的皇帝

暑伏饮茶

会命人在衙门口和大路搭席棚施冰水。席棚上挂黄布帘，上书“皇恩浩荡”；席棚里有水车，水车的水中放有冬天存下来的冰块。

三伏天也是进补的好时机，中国人讲究“春夏养阳”。山东地区一直有大暑喝羊汤的习俗，称为吃“暑羊”；福建人把荔枝、羊肉和米糟一起煮着吃，称为“过大暑”。一碗热腾腾的带肉羊汤喝下去，任谁都会出一身热汗。

中国人还讲究“冬病夏治”。冬季阴寒阴虚的疾病如哮喘和风湿等，在溽热的盛夏调养打理，会事半功倍，病情容易好转以至痊愈。

喝暑羊汤迎大暑（山东临沂）

二十四节气 · 秋之篇

二十四节气·秋之篇

带着落叶的声音，秋天来了，秋天是一个五彩缤纷的季节，也是一个收获的季节。

秋高气爽，暑威尽退。当凉爽的秋风吹过，落叶纷纷扬扬，大地被染上金黄的颜色。蓝天上，大雁排成人字，飞向遥远的南方。秋天里的山谷稻谷飘香，远处漫山遍野是红色的高粱。

古人逢秋悲寂寥，远行的旅人从来就不缺乏“悲秋”的诗句。他们走在山中，走在田野，走在细细的巷子里，用淅淅沥沥的秋雨唤起回忆的诗篇……

秋天有六个节气，分别是立秋、处暑、白露、秋分、寒露和霜降。

立秋

（8月7日至9日交节）

立秋是二十四节气中“四立”之一，是秋天的第一个节气。每逢立秋，历代皇帝都要带领百官到皇城西郊举行迎秋仪式。

凉风徐徐吹来，草地白露茫茫，酷暑即将结束，万物结实收获的季节到了。农谚云：“立秋晴一日，农夫不用力；立秋雨淋淋，遍地是黄金；立秋三日雨，秕谷变成米。”由此可见

立秋神像

甲骨文　甲骨文　籀文　小篆　楷体

秋字的写法

立秋后的日子，不论晴雨对农作物生长都至关重要。

秋是四季之一，汉字“秋”古时候写作“烁”，又作“穐”或“龝”，这几种写法都有“禾”，因为秋与谷物和收成相关；字的另外一半，两个有“火”的异体字，两个有“龟”的异体字，不论是“火”还是“龟”，都指“龟验”，即“以火灼龟”。古时候种庄稼，先要烧灼龟甲以占卜丰歉，到了秋天则验证龟卜是否准确。

立秋是秋天的开始，但暑热并不会因立秋的到来一下子就消失，立秋后这段暑热持续的日子，老百姓习惯称之为“秋老虎”。

在我国华北地区的很多地方，有立秋日吃肉的习俗，猪肉馅饺子、炖鸡、炖鸭、红烧鱼、红焖肉……人们纷纷在立秋这一天大快朵颐，这一习俗称为“贴秋膘”或“抢秋膘”。

殷王武丁贞问妇娕患疾刻辞卜甲

我国安徽省部分地区有“摸秋”的习俗，这也是立秋最有意思的习俗之一。“八月摸秋不为偷”，立秋日当晚，村里的孩子们会结伴去别人家的田里带回各种瓜果，丢瓜的人哈哈一笑不会计较。

立秋还有一个有趣的习俗是“咬秋”，咬秋主要是吃秋瓜。北京人吃早甜瓜晚西瓜，江苏人也吃西瓜，其他省市还有吃秋桃、肉面或“渣”（一种青菜和豆沫做成的食物）等各种咬秋习俗。

其实，我国从宋代开始就有立秋日在头上戴楸树叶、饮秋水和吃红小豆的习俗。吃红小豆时要面对西方，用立秋日的井水冲服吞食，据说吃后可以不得痢疾。全国各地的立秋食俗，大多是从宋代立秋吞饮红小豆衍化出来的。

处暑神像

处暑
（8月22日至24日交节）

处暑的到来，意味着生长的季节结束了，天地之间已经是一片肃杀之气。处是“止”的意思，处暑就是说暑热到这里截止了。

农作物经历春生夏长后，到处暑时开始走进结实期，田野一片金黄，秋收由此拉开帷幕。处暑后，气温逐渐降低，最常见的是昼暖夜凉的天气。农谚云：“秋不凉，籽不黄。”一片片庄稼承沐最后的秋阳完成自己结实的过程。

大家在戏曲小说里会经常听到“秋后问斩”或“斩

秋后问斩

立决”这样的话，说的是把犯了死罪的犯人关进监狱，等到秋天再执行斩刑。

古人认为天地间有阴阳二气，阴阳和合化生万物，而春夏的本质是生长。如果在春夏处斩犯人，与天地所处的生长时期不合。但到了秋天，金风动处，万物进入肃杀的结束期，在这个时候处决犯人，符合天地的运行规律。所以，中国古代经常在处暑这段时间处决死刑犯人，也叫“秋决”。

白露神像

白露

（9月7日至9日交节）

秋天气温低，昼夜温差大，进入白露，积聚在大气中的水汽凝到草木上，早晨太阳升起时，一片片秋露反射着光芒，白露正是以秋天的露水作为标志命名的节气。

时值白露，大雁已经感受到秋天的凉意，开始由北向南的旅程。用不了多久，燕子也飞走了。留在森林里准备越冬的鸟儿，开始为自己储藏各种食物。

我国没有全国性的白露习俗。南京人会喝白露茶，当地人认为春茶鲜嫩却不耐泡，夏茶过于涩苦，白露后的茶别有一份甘醇；福州人会吃龙眼过白露；在浙江苍南、平阳等地，人们会采集中药中的“十样白”，以煨乌骨白毛鸡或鸭子，据说食后可滋补身体、去风气。

白露

“十样白”指的是十种带“白”字的草药，像白木槿、白毛苦、白芷和白茅等，与白露字面上呼应。有人认为“十样白”原本是浙南地区冬日滋补的民间验方，在白露时进补应当是后来的事情。这一说法有一定的可信性，民俗本就是因为某一个理由或逻辑，人们把原来没有联系的事物联系到一起，形成某种惯行，最后大家都这样照着做，久而久之就约定成俗了。

我国古代十分看重白露时的露水，认为它是灵

群雁南飞

莲子百合银耳粥

丹妙药。中医典籍《本草纲目》中记载，“百草头上的秋露，在阳光没有照到前收集起来，可以医治百病，止消渴，让人身体轻松矫健，不饥饿。”

当年相信长生不老之说的汉武帝曾听信方士的话，命人修建“仙人承露盘”收集露水。汉代所建的承露盘如今早已不见踪影，不过我们还可以看到北京北海公园留存的一座铜制承露盘，相传为清代乾隆皇帝命人铸造，意在承接甘露，为帝后拌药。

秋分神像

铜仙承露盘

秋分

（9月22日至24日交节）

秋分好时节，秋高气爽，碧空万里，丹桂飘香，蟹肥菊黄，我国大部分地区此时进入凉爽的秋天。

秋分时阳光直射赤道，和春分一样，是昼夜等长的日子，此后阳光直射的

月坛公园

位置渐次南移，北半球变得昼短夜长，南半球变得昼长夜短，故秋分也称降分。秋天共90天，秋分将其分为前后各45天，秋分和春分一样是我国古代校对度量衡的日子。

秋分对于农民是“三秋”的大忙季节，“三秋”指的是秋收、秋耕和秋种。秋分要抓紧收割成熟的农作物，免得被霜冻或雨淋，还要耕好土地，下好种子，保证以壮苗安全越冬。农谚云：“秋忙秋忙，绣女也要出闺房。”古时候平时足不出户的绣女，都得出来搭把手干农活，这真是忙到了极点。

我国历代皇帝都会在每年秋分设祭坛祭祀月神，祭月是我国古代的重要祭礼，北京月坛就是明代嘉靖皇帝为祭月修建的，祭月仪式一般在黄昏时分举行，又称“夕月”。

寒露

（10月8日至9日交节）

寒露是气候从凉爽到寒冷的过渡期，人们这时候已经能够隐约听到冬天

寒露神像

费长房

的脚步声了。

寒露是指寒气马上要凝结之前的状态，“寒”字就是告诉人们季节循环已经到了冷气为主的时候，此时的秋风对农业生产来说具有很强的杀伤力。农谚云：“禾怕寒露风。”不只庄稼怕，人也要顺应大自然的变化，开始靠衣袜抵挡寒气。

相传一位叫桓景的学道者拜东汉方士费长房为师。有一天，费长房告诉桓景九月九日有大灾，家人要缝赤囊盛茱萸戴到手臂上，登山饮菊花酒，才能消祸。到了九月九日，桓景举家登山，晚上归来发现家中鸡犬牛羊都死掉了。就这样，重阳登高逐渐成为我国一个普遍性的风俗习惯。到唐代，登高不仅戴茱萸囊，还头插茱萸花。

山茱萸

《九月九日忆山东兄弟》就是唐代诗人王维借登高之俗，抒怀乡之情的名篇：

独在异乡为异客，
每逢佳节倍思亲。
遥知兄弟登高处，
遍插茱萸少一人。

寒露还是赏菊的好日子。菊花开在深秋，以耐寒而得延年之意，中国人赏菊的趣味和陶渊明有关。相传当年陶渊明不为五斗米折腰，挂冠归乡隐居，

他爱饮酒，也爱菊花，有“采菊东篱下”等家喻户晓的诗作。后世读书人受陶渊

陶渊明

明的影响，也开始赏菊饮酒写诗，并慢慢形成了中国特有的赏菊传统。

霜降

（10月23日至24日交节）

霜降是秋天的最后一个节气，也意味着冬天即将开始，古人认为这个时候养生保健尤为重要。

霜降神像

霜降时节已是深秋，人们称之为暮秋、残秋或晚秋。秋风瑟瑟，寒气逼人，大自然到了草木摇落的季节。各种昆虫这时纷纷进入蛰伏期，躲进蛹壳或地洞里，开始等待漫长冬天的到来。

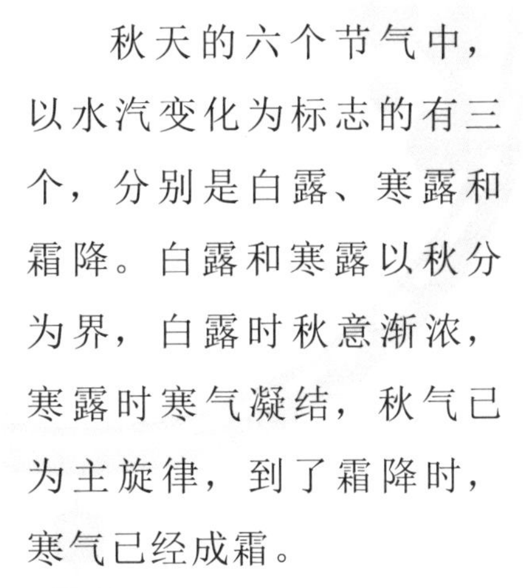

秋天的六个节气中，以水汽变化为标志的有三个，分别是白露、寒露和霜降。白露和寒露以秋分为界，白露时秋意渐浓，寒露时寒气凝结，秋气已为主旋律，到了霜降时，寒气已经成霜。

春天主生，秋天主杀。深秋霜降时，明代会举行旗纛祭祀等重要的军中祭礼。古时军队或仪仗队的

大旗称“纛”，旗纛祭祀时，金鼓先导，军队张陈军器仪仗，雪亮的刀枪剑戟斧钺和身着颜色鲜明盔甲的士兵队列穿街而行，名为“扬兵”。

民间则在霜降后的农历十月初一祭祖，祭品除了常见的食品、香烛和纸钱外，还要将纸叠的衣裳焚化给故去的亲人，名为“送寒衣”。后来，有些地方“送寒衣”的习俗发生演变，人们不再烧寒衣，而是把很多冥纸封入纸袋，并写上相应的名字和称呼焚化给故去的亲人，名为“烧包袱”。

宋·大驾卤簿图书

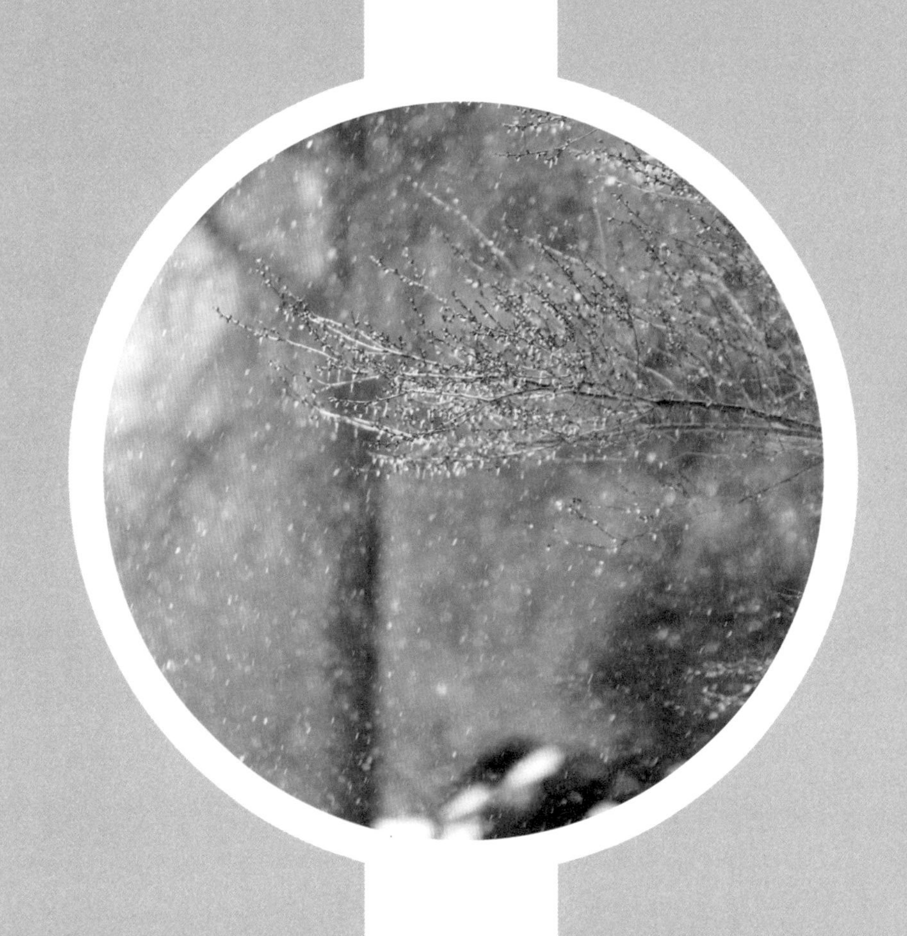

二十四节气·冬之篇

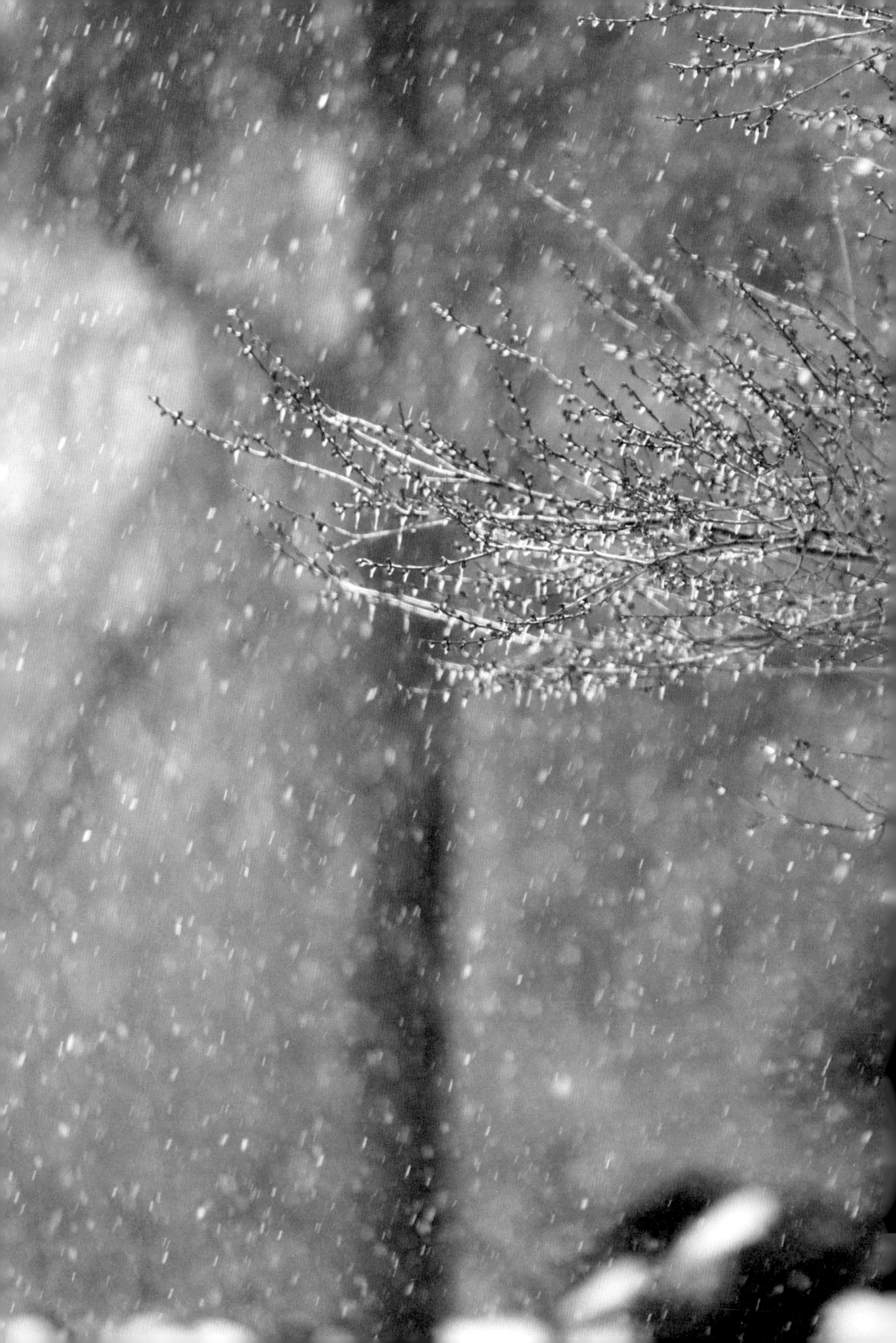

二十四节气·冬之篇

古人理解的冬，是一年四季的终结。冬者藏也，和生长的春、扩张的夏、结实的秋不同，收与藏，是冬天的主旋律，是冬天的智慧。

冬天是一个冷酷的季节，也是孕育希望的季节。

冬天的节气，除了雪就是寒。大地此时已经银装素裹，可天空中的飘雪依旧如棉如絮如鹅毛，飘飘洒洒，落个不停。冬天的大雪让天地浑然一色，好像整个世界都由白色装饰而成，壮丽无比。白茫茫的一片冰雪世界，看着似乎既冷酷又无情。

但是，被冰雪粉装玉砌的琼枝玉叶，呼唤的却是对瑞雪与丰年的憧憬。开在冬日的梅花，傲雪凌霜，别有一分美艳。春天，这个充满希望的季节，紧跟在隆冬之后，即将向人们走来。

冬天有六个节气，分别是立冬、小雪、大雪、冬至、小寒和大寒。

立冬

（11月7日至8日交节）

立冬是冬天的开始，二十四节气“四立”中的最后一个，此时我国大部分地区降水量显著减少，

立冬神像

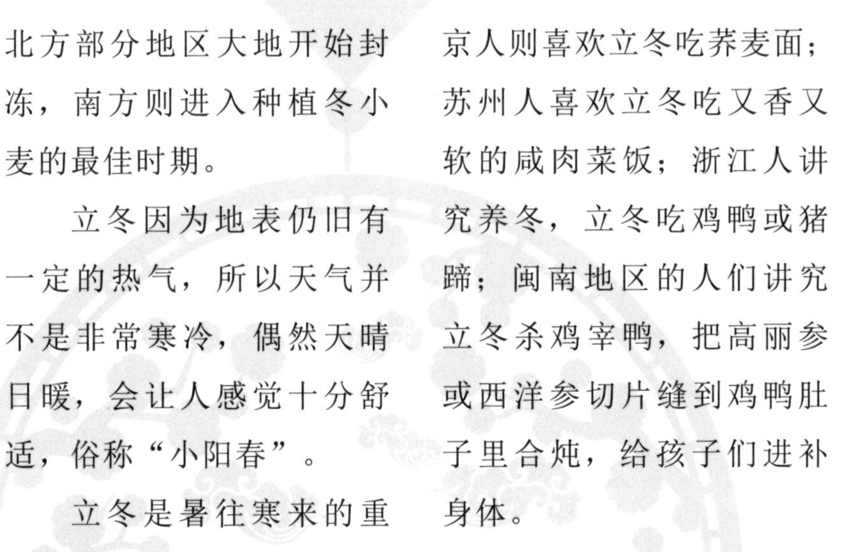

北方部分地区大地开始封冻，南方则进入种植冬小麦的最佳时期。

立冬因为地表仍旧有一定的热气，所以天气并不是非常寒冷，偶然天晴日暖，会让人感觉十分舒适，俗称“小阳春”。

立冬是暑往寒来的重要分界线，所以立冬这一天的天气具有一定的象征意义。农谚云：“立冬无雨一冬晴，立冬有雨一冬阴；立冬太阳睁眼睛，一冬无雨格外晴；立冬晴，好收成。”说的就是人们普遍认为立冬日天晴会给整个冬天带来好兆头。

与其他节气一样，立冬在我国民间形成了很多食俗。例如，北方的很多地区流行立冬吃饺子；北京人则喜欢立冬吃荞麦面；苏州人喜欢立冬吃又香又软的咸肉菜饭；浙江人讲究养冬，立冬吃鸡鸭或猪蹄；闽南地区的人们讲究立冬杀鸡宰鸭，把高丽参或西洋参切片缝到鸡鸭肚子里合炖，给孩子们进补身体。

小雪神像

小雪

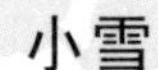

（11月22日至23日交节）

小雪是入冬的第二个节气，在农历十月中，我国大部分地区这时候开始刮西北风，这个时节天上寒气已经到来，却又并非冷到极点，降雪量不大，故称小雪。

小雪时的落雪一般是小小的雪粒，并时常半冰半融。大自然此时正在一天天走进一个寒冷、静默和闭塞的状态。

“小雪地封严”，北方一些地区在大雪前土壤冻结深度能达到一米有余，江河随之陆续封冻。

伴随着小雪的虽然是气温下降，天气干燥，但也是制作腊肉的好时节，我国很多地区有“冬腊风腌，蓄以御冬”的习俗；东北地区的人们则开始将白菜腌制成酸菜和辣白菜，

红泥小火炉

这可是北方冬季餐桌上不可或缺的美食。

我国古代诗人多爱饮酒，尤其在初冬时节，有关煮酒赏雪、吟诗作赋的名篇更是数不胜数，唐代诗人白居易在《问刘十九》中写道：

绿蚁新醅酒，

红泥小火炉。

晚来天欲雪，

能饮一杯无。

诗中描写细雪飞扬在天，红炉新酒，不论是老友还是新朋，坐下来慢慢共话兴衰往事，度过一段悠闲时光，是难得的乐事。

大雪神像

大雪

（12 月 6 日至 8 日交节）

大雪标志着仲冬时节正式开始，我国大部分地

冰雪美景

区的最低温度都降到了零度甚至更低。

大雪是落雪的季节，雪会越下越大，雪花厚，雪片大，可能一下子就堆积起来，这是大雪时节常见的风景，雪是冬天给大地最美的装扮。

不过，节气“大雪”的意思并不是一定会下很大的雪，而是气温继续降低，降雪的可能性比小雪更大。

冬至神像

大雪寒气冽冽，物质不易腐烂，此时又正值农闲时节，在我国南方地区，人们纷纷加入到腌制腊肉的大军中来。

腊肉的一般做法是把八角、桂皮、花椒、白糖和盐等调料熬制好后，涂到肉上面放进缸里腌起来。等肉里面的水分出脱后，再用绳钩挂在灶头或屋檐等通风的地方晾晒风干，大概一周左右的时间就可以食用或存储起来为春节做准备了。

按照中医养生理论，大雪节气也是进补的好时节，我国自古就有“冬天进补，开春打虎”的说法。

冬至

（12月21日至23日交节）

我国最早被制定出的节气就是冬至，早在春秋

天坛（古代皇帝祭天的场所）

时期中国人就使用土圭观测太阳测定了冬至。

冬至日是一年之中重要的时间转换点，也是日照时间最短的一天，但从此以后，日照时间会一天比一天长，古人称为“日长至”，这是一阳初起的时节。

古代皇帝会选择冬至日祭天，清代举行祭祀仪式时，皇帝会提前一天到达天坛旁的斋宫，午夜时分，天灯三竿高高地点起来，为求肃穆气氛，天坛周边禁止擂鼓鸣钟或放鞭炮，礼成后，百官互贺冬节，皇帝宴请群臣。

古人认为冬至时，一个旧的太阳已经逝去，日照重新由短变长是因为新的太阳。为了迎接新太阳，我国在冬至日很早就形成了换新袜子踩新太阳的习俗。新旧太阳的转换，也是一个自然年的转换。正

小寒神像

因如此，在相当长的一段时间内，古人都在冬至这一天过年。

唐朝时有一位日本和尚来访，他看到中国人冬至互相拜年觉得十分新奇，就把大家拜年的话都记了下来。妻子给相公拜年说："晷运推移，日南长至。伏维相公尊体万福。"和尚之间拜年说："伏维和尚久住世间，广和众生。"直到今天，苏州一带还有"冬至大如年"的说法。

我国很多地方流行冬至喝冬至酒、吃馄饨或汤圆。河南人冬至会吃饺子，并称之为吃"捏冻耳朵"。江南地区流行冬至吃红豆饭，相传能祛病防灾。

腊八粥

小寒

（1 月 5 日至 7 日交节）

冬天的最后两个节气，一小一大，都是"寒"，小寒标志着一年中最寒冷的日子来到了。

小寒时值农历腊月，腊是新旧交替之意，早在秦代已经有腊日祭祖祭众神的习俗，今天很多地方过腊八节，喝腊八粥，就是古代腊祭的遗俗。北京的腊八粥，讲究使用黄米、白米、江米、小米、菱角米、栗子、去皮枣泥和水熬制，熬好后还要在粥上撒上桃仁、杏仁、瓜子、花生、榛穰、松子、白糖、红糖和葡萄干等，看上去五彩纷呈，闻上去米香扑鼻。

俗话说“热在三伏，冷在三九；小寒大寒，冻做一团。”三九就在小寒节气中，尽管不如大寒那么冷，但小寒已经是一年中非常寒冷的日子了。

不过此时冬至已过，天地之间阳气在一天天恢复，鸟类对这一变化最为敏感。小寒时节，大雁已经开始由南向北迁徙，喜鹊感受到阳气回升，开始筑巢修窝，野鸡在深山中也开始发出鸣叫。

大寒神像

大寒

（1月20日至21日交节）

大寒是二十四节气中最后一个节气，也是一年中最寒冷的日子，经常会大面积降雪。

大寒像是一名冬将军，

冬将军

凛然地站在二十四节气的最后一个时间点上，它承载着过去一年春夏秋冬四季的所有风采，并作为代表和人们告别。

过了大寒，又是一年。我们在凛冽的寒风中，在坚冰和白雪的世界，和这位冷面将军告别。那一刻，人们的心中或许会有一份忐忑和流连。同时我们又有了一份期待，因为冬天一去，万象复苏的春天就在眼前。

农谚云："瑞雪兆丰年；大寒三白定丰年。"意思是说大寒时的降雪和第二年的丰收关系重大，如果下三次大雪，不仅可以储存丰富的水分，而且可以借雪杀蝗，保证明年不起蝗灾，丰产可望。

瑞雪兆丰年（祖莪）

二十四节气与中国人的时间文化

二十四节气与中国人的时间文化

我国古代是世界上农业最发达的国家，对农民来说，春耕、夏耘、秋收和冬藏是一年中最重要的大事。

二十四节气是我国劳动人民独创的一套时间文化遗产，是古人长期对天文、气象和物候进行观测、探索和总结的科学结论，与之相关的各种时间文化知识，蕴含着鲜明的中华民族传统习俗和深厚的文化积淀，千百年来影响着中国人的衣食住行。

由于二十四节气能够对季节变化进行系统性把握，一直对我国农业生产有着重要的指导性作用。不仅如此，历代诗人和艺

古观象台

术家围绕二十四节气还创造出大量的诗词曲赋和其他艺术作品，这些作品都是我国优秀传统文化的重要组成部分。

以二十四节气为纲，千百年来中国人总结一系列气候和季节变化规律，编成朗朗上口的农谚流传至今，绝大多数农谚凝练押韵，它们就像一串串附着在二十四节气上的珍珠。

这些农谚都来自生活的智慧，形式多样，活泼生动，意象鲜明，反映出二十四节气在我国民间的广泛普及程度和不同地区的民风民俗，从中我们可以感受到中国拥有何等丰富而多元的文化基因。

今天的中国是一个快速发展、多元包容的国家，我国已经有一半以上的人口居住在城镇，农业生产活动伴随气象科学的发展、信息传播手段的进步、科学种植技术的提升以及农民生活方式的改变，已经有了非常大的变化。那么，来自古代农耕社会的二十四节气，是否就此失去了生命活力呢？

当然不会，这是因为二十四节气不仅是一年中农业生产生活的重要时间参考，更重要的在于它是中国人智慧的凝结，是中国时间文化体系的重要组成部分。

时间概念有很多种，不仅仅有一天 24 小时的物理时间概念，还有不同的文化时间概念。例如，每到春节前，成千上万的中国人会奔向自己的家乡，形成中国特有的“春运潮”。从物理时间上看，春节前后的时间和平日并没有根本区别，但春节的文化传承赋予到一个具体的日子，这个日子的每一个时间点就都成了特殊的文化时间。

世界上不同国家和地区的民族因为对自然的认知不同，时间文化也各不相同，这些时间文化构成了各自民族文明画卷的基础底色和民族基因密码。二十四节气就是中国古代

麒麟送子年画

文明画卷的基础底色之一，也是中国古代文明最为鲜明的基因密码。

中华民族对自然的观察与思考，寻求与自然的和谐共处方式，对美好事物的追求和对幸福生活的向往，都反映在二十四节气等优秀的传统文化中，这些都是我们面向明天、开拓未来时最宝贵的文化财富，值得我们倍加珍视。

节气表

图书在版编目（CIP）数据

二十四节气 / 刘晓峰编著. -- 哈尔滨 : 黑龙江少年儿童出版社, 2017.12（2021.8 重印）
（记住乡愁 : 留给孩子们的中国民俗文化 / 刘魁立主编）
ISBN 978-7-5319-5611-2

Ⅰ. ①二… Ⅱ. ①刘… Ⅲ. ①二十四节气－青少年读物 Ⅳ. ①P462-49

中国版本图书馆CIP数据核字(2017)第328114号

记住乡愁——留给孩子们的中国民俗文化

刘魁立◎主编

二十四节气 ERSHISIJIEQI

刘晓峰◎编著

出 版 人：商　亮
项目策划：张立新　刘伟波
项目统筹：华　汉
责任编辑：于　淼
整体设计：文思天纵
责任印制：李　妍　王　刚
出版发行：黑龙江少年儿童出版社
（黑龙江省哈尔滨市南岗区宣庆小区8号楼 150090）
网　　址：www.lsbook.com.cn
经　　销：全国新华书店
印　　装：北京一鑫印务有限责任公司
开　　本：787 mm×1092 mm　1/16
印　　张：5
字　　数：50千
书　　号：ISBN 978-7-5319-5611-2
版　　次：2017年12月第1版
印　　次：2021年8月第4次印刷
定　　价：35.00元